本书由浦东新区科普项目资金资助

中国珍稀物种科普丛书

黑颈鹤的故事

杨 帆 叶晓青 著
王 紫 绘
孙博韬 译

上海科学技术出版社

图书在版编目（CIP）数据

黑颈鹤的故事 ：汉英对照 / 杨帆，叶晓青著 ；孙博韬译 ；王紫绘. -- 上海 ：上海科学技术出版社，2020.10
（中国珍稀物种科普丛书）
ISBN 978-7-5478-5117-3

Ⅰ. ①黑… Ⅱ. ①杨… ②叶… ③孙… ④王… Ⅲ. ①鹤形目—少儿读物—汉、英 Ⅳ. ①Q959.7-49

中国版本图书馆CIP数据核字(2020)第204257号

中国珍稀物种科普丛书
黑颈鹤的故事

杨 帆 叶晓青 著
王 紫 绘
孙博韬 译

上海世纪出版（集团）有限公司
上 海 科 学 技 术 出 版 社 出版、发行
（上海钦州南路 71 号 邮政编码 200235 www.sstp.cn）
浙江新华印刷技术有限公司印刷
开本 889×1194 1/16 印张 4
字数：70 千字
2020 年 10 月第 1 版 2020 年 10 月第 1 次印刷
ISBN 978-7-5478-5117-3/N·210
定价：50.00 元

扫码，观赏“中国珍稀物种”系列纪录片《黑颈鹤》

黑颈鹤是世界上唯一生活在高原的鹤类，也是世界上最晚被科学家发现并命名的鹤。科学家迫切地想了解黑颈鹤，使它们成了最受关注的濒危物种之一。而“中国珍稀物种”系列纪录片《黑颈鹤》聚焦了这个神秘的物种，记录了黑颈鹤面对高原贫瘠的土地、严酷的气候以及种种不可预料的艰险，为了繁衍和养育后代，所体现的坚韧和勇气，是一个令人感动的故事。该影片荣获 2018 年（第 13 届）日本野生动物电影节“亚洲大洋洲最佳影片奖”。

导读

黑颈鹤是世界上最神秘的鸟类之一，它们生活在广袤的青藏高原，是世界上唯一一种终身生活在高海拔地区的鹤。高原赋予了黑颈鹤伟大的品性。贫瘠的土地、严酷的气候、高寒缺氧的环境，以及种种不可预料的艰险，都无法阻止黑颈鹤抚育和培养自己的孩子。它们在荒凉而野性的高原上，顽强地延续着自己的种群，成了世界屋脊上各种神奇物种的象征之一。

本书分为上下两个部分。第一部分采用儿童喜闻乐见的绘本故事形式，在尊重科学事实的基础上，将充满趣味的故事与精美的绘画相结合，提升整体艺术表现力，给读者文字以外的另一个想象空间。第二部分采用问答的形式，增进公众对该珍稀物种的科学认识，通俗易懂的语言，配上精美的照片，有利于儿童的阅读和理解。是一本兼具科学意趣和艺术质感的少儿科普读物。

目录

小沼泽里的黑颈鹤一家

我在这里，我在蛋壳里，这里好温暖。

正在孵卵的是我的妈妈，在远处巡逻放哨的是我的爸爸。

你看他们的红帽子、黑围脖和黑筒靴，漂亮吗？

Here I was inside the eggshell. It was warm.
My mother was incubating while my father was guarding.
Weren't their red hats, black neck gaiters, and black high boots beautiful?

这里是我的家，在沼泽的中央一座裸露的小岛上，四周都是水面。
这样的环境可以保护我的安全。

My home located on a small island in the middle of a marsh, surrounded by water.
This environment protected me.

远处有个鬼鬼祟祟的身影。

糟糕！是藏狐，危险！

妈妈不紧不慢地站起身来。

她收起一边的翅膀，假装受伤的样子，朝我相反方向走去，吸引了藏狐的视线。狡猾的狐狸被骗了，妈妈保护了我的安全。

A furtive shadow appeared.
No! It was a Tibetan fox! Danger!
Mother stood up steadily.
She folded one wing to feign injury and drew the Tibetan fox's attention. The sly fox was fooled.

位于世界屋脊的青藏高原是我们的家。
这里日夜温差高达十几摄氏度。
冷热空气形成对流，让这里的气候阴晴不定。

我的妈妈在哪里？感觉好冷。
Where was my mother? I felt so cold.

Qinghai-Tibet Plateau, roof of the world, was my home.
The temperature is so different between day and night.
Convention made the weather here very mixed.

好温暖，一定是爸爸妈妈回来了。
有了他们，即使下雷雨和冰雹我也很安全。
因为爸爸妈妈用自己的身体为我筑起了一道安全的铜墙铁壁。

It was getting warm. My parents must be back.
They protected me even from thunderstorm and hail.
They protected me with their bodies.

在蛋壳里成长了32天，我已经准备好来到这个世界上了。
在我的喙上有一排破卵齿。
我要用破卵齿啄开逐渐变软的蛋壳。
今天我终于要亲眼见到自己的爸爸妈妈了。

After 32 days of incubation, I was ready to be born.
I have egg teeth on my beak.
I would prick the softening eggshell with my egg teeth.
I would see my parents today.

一出生我就可以看见、听见，偶尔还可以站起来，发出叫声。

不过，还是躲在妈妈的羽毛下面更让我觉得安心和舒适。

有时候，我想离开巢去看看外面的世界，但每次妈妈都会用喙把我推回来。

边上的那只小鹤是我的弟弟，他比我晚一天出壳。

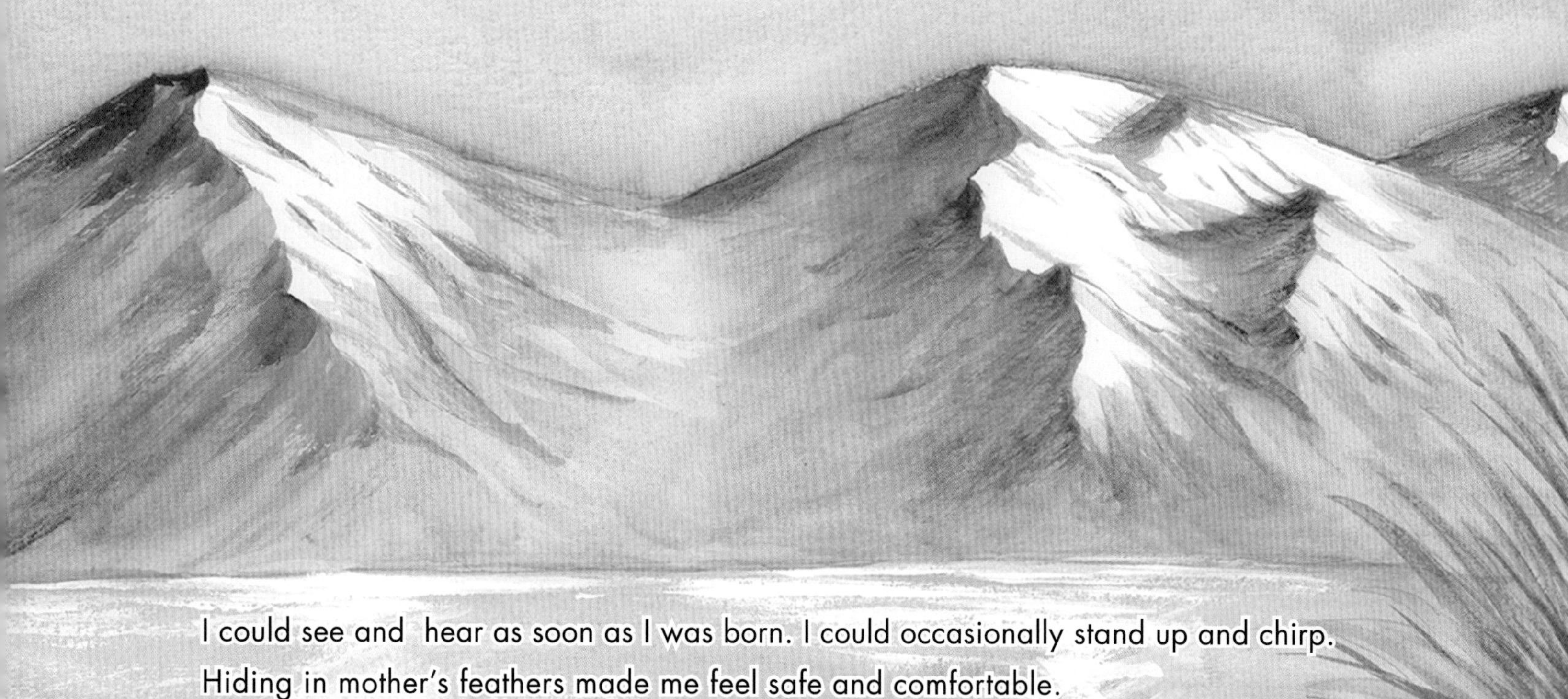

I could see and hear as soon as I was born. I could occasionally stand up and chirp.

Hiding in mother's feathers made me feel safe and comfortable.

Sometimes I tried to leave the nest to see world outside. Mother use her beak to push me back every time.

The crane beside me is my brother. He hatched a day after me.

爸爸妈妈时不时地给我们喂藨麻块茎和小虫子吃。

出壳5天后，我的个子变大了不少，已经能来回走动啦。

别看我现在的毛色跟小鸡似的，但这个颜色和周围新长出的嫩草颜色非常接近。

只要我躲在沼泽的草丛里，就会非常安全。

妈妈正在教我们怎样吃到好吃的食物。

他们会把食物放到我们的身边，向我们演示怎样把食物叼起然后吞下。

看，我学得很好呢！

My parents fed us fern tubers and insects from time to time.
Five days after hatching, I was a lot bigger and could walk.
My feathers looked like chicken's, which is very similar to the tender grass around.
I was safe in the grass of the marsh.
Mother was teaching us to select food.
They would put food beside us and show us how to pick up and swallow it.
Look! I was doing well!

今天，我跟在爸爸妈妈后面，开始了自己的第一次远足。
其实，我把双脚一放进水里，就知道怎么游泳了。

Today, I started my first trip following my parents.
Once I entered the water, I knew how to swim.

渡鸦是一种非常狡猾的鸟。

他发现了离开草丛的我。

幸好爸爸妈妈及时赶了过来。

他们张开翅膀保护我，合力赶走了入侵者。

Ravens were crafty.

One raven found me when I left the grass.

Fortunately, my parents arrived in time.

They protected me by their wings and chased the intruder away.

8月，若尔盖草原上开满了鲜花，是高原上最美好的季节。

现在我已经是3个月大的少年了。

你瞧，我的个头是不是大了很多？样子也变帅了？

Flowers filled the Ruoergai Grassland in August. This is the best season for the plateau.

I was already three-month-old.

Look! I was much bigger and more handsome.

我现在最喜欢做的事情就是扑腾翅膀。
好想和爸爸妈妈一样在空中飞翔。
但是，听妈妈说这要等我的飞羽完全长好才行。

I really liked to thump my wings.
How I wished to fly like my parents!
Mother told me that I could fly only when my flight feathers were fully grown.

这是喜马拉雅鼠兔。听妈妈说，这可是非常美味的大餐。
爸爸是个厉害的捕猎高手，你瞧，他又抓到了一只。
虽然我也尝试过许多次，但每一次鼠兔都成功地逃之夭夭了。

This was a Himalayan pika. Mother said it was delicious.
Father was a good hunter. He got a pika.
I had tried many times. However, I never succeeded.

不远处，飞来了一大群黑颈鹤。
里面有爷爷奶奶，还有没成婚的哥哥姐姐们。
明年的这个时候，我就会加入他们的队伍。
但是，目前对我来说最重要的事情，还是学习怎么飞行。

A crowd of black-necked cranes came.
There were aged and unmarried cranes.
I would join them next year.
The most important thing was learning to fly.

“咿呀呀呀呀呀……”哎，还是不行。

爸爸妈妈在前面不停地示范。

像他们一样扑腾翅膀，然后，起飞！

经过一次又一次的练习，我感受到翅膀上羽毛的周围有气流流过的感觉，这就是飞行的秘密！

起跑，跟着气流扇动翅膀……耶，成功啦！

"Ahhhh..." Sigh. I failed again.

My parents kept teaching me.

I needed to flutter wings like them and fly.

After lots of practices, I felt air flowing over my wings. This was the secret of flying!

I ran and fluttered wings with air. Yeah! I did it!

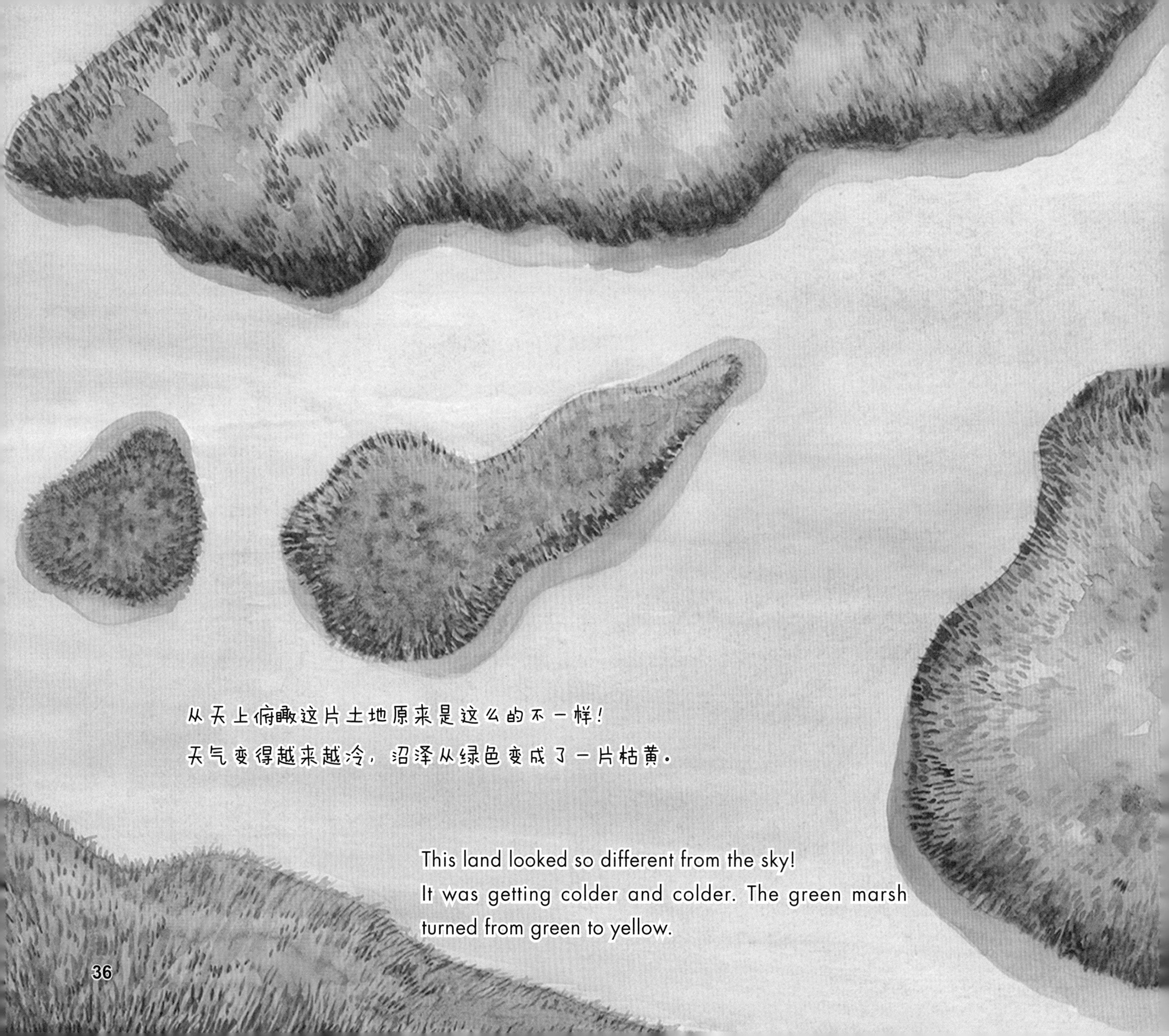

从天上俯瞰这片土地原来是这么的不一样！
天气变得越来越冷，沼泽从绿色变成了一片枯黄。

This land looked so different from the sky!
It was getting colder and colder. The green marsh turned from green to yellow.

现在我已经长得和爸爸妈妈差不多大了。

我们和鹤群生活在一起，瞧，周围还有和我一样大的小伙伴呢。

妈妈告诉我，我要学会怎么和伙伴们交流，就是要学会鹤之舞。

和大家一起奔跑、跳跃、鸣叫……这一切太美好了！

I was as big as my parents.

We lived with a group of cranes. Many were at my age.

Mother told me to use crane dance to communicate with friends.

I really enjoyed running, jumping and warbling with everyone.

不远处一只藏獒向我们走来。

好在我们有七十多只黑颈鹤在一起，这也意味着有七十多双眼睛注视着周围的危险。

一旦有危险，大家可以在第一时间做出反应。

A Tibetan Mastiff came towards us.
The group had more than seventy black-necked cranes, meaning that danger could be discovered in time.
Once danger emerged, we could react immediately.

糟糕！藏獒加速朝着我们跑来了！

打头的鹤率先飞了起来，

我和爸爸妈妈也赶紧跟了上去。

啪！妈妈撞在了铁丝网上。

她的翅膀被死死地缠住了，无论怎么扑腾，都挣脱不了。

眼看藏獒就要扑上来了……

No! The Tibetan Mastiff was running towards us!
The leading crane rose.
My parents and I quickly followed.
Bang! Mother hit the barbed wire.
Her wings were entangled in barbed wire. She couldn't get rid of it.
The Tibetan Mastiff was about to get her...

这时，远处来了两位骑马的牧民，制止了正要扑上来的藏獒。

其中一位走上前，轻轻地解开了缠住妈妈的铁丝。

妈妈扇了扇翅膀，助跑几步，飞了起来。

Two herdsmen came on horseback and stopped the Tibetan Mastiff.
One of them unfastened my mother.
Mother fluttered her wings and flew up.

真是险象环生的一幕！
好在我们全家团聚了。
我们绕着牧民转了一圈，
用鸣叫声感谢他们。

It was so dangerous!
Our family reunited.
We flew around the two herdsmen and thanked them with a song.

寒冷的冬天来了，今天的风很大。

妈妈告诉我，这是一个重要的日子，我们要迁徙了。

在若尔盖草原出生的黑颈鹤，会前往位于南方的云贵高原过冬。

我们会在那里和同伴一起度过5个月的冬天。

当明年的春天到来的时候，我们会再次回到若尔盖草原。

终有一天，我也会在这里养育我的下一代。

Winter had coming. It was windy today.
Mother told me that we would migrate.
Black-necked cranes born in Ruoergai Grassland would migrate to Yunnan-Guizhou Plateau for the winter.
We would spend five months there.
When the spring came again, we would be back to Ruoergai Grassland.
Someday, I would raise my baby here.

黑颈鹤的秘密知多少

我的名片

黑颈鹤（学名：*Grus nigricollis*）隶属于鹤形目鹤科。事实上鹤的家族可不小，在鹤科下有鹤亚科与冠鹤亚科，共4属15种。我国是鹤类分布与种类最多的国家之一，分布有9种鹤，分别是丹顶鹤、灰鹤、蓑羽鹤、白鹤、白枕鹤、白头鹤、黑颈鹤、赤颈鹤和沙丘鹤。其中黑颈鹤是唯一一种主要分布在中国的鹤，也是唯一一种常年生活在高原的鹤。它们被列为国家一级保护动物、《世界自然保护联盟濒危物种红色名录》（IUCN）“易危”（VU）物种。

为什么叫黑颈鹤

1876年，俄国博物学家、探险家尼古拉·普尔热瓦尔斯基在我国青海湖采集到一种鹤的标本，它最明显的鉴别特征是颈部三分之一的羽毛为黑色，这和世界上已经被发现的14种鹤均不相同。至此，“黑颈鹤”第一次被鸟类学界所发现，人们根据它显著的特征把它命名为“黑颈鹤”，它们也是世界上被命名最晚的一种鹤。

四川若尔盖大草原

青藏高原流传着哪些关于黑颈鹤的传说

“黑颈鹤”在藏语中叫“中中”或“中中嘎莫”，意思是“鹤”或“白鹤”，是雪域高原上鲜明的符号，它时常出现在唐卡上所绘的《长寿图》中。在藏族史诗《格萨尔王传》里，黑颈鹤是藏族大英雄格萨尔王的牧马者，传说中它的鸣叫声犹如号角，能使百里外的神马听到出征的召唤。

我们在哪里能见到黑颈鹤

黑颈鹤是候鸟，因此它们的分布区域也被分为繁殖地和越冬地。但无论繁殖还是越冬，黑颈鹤全年都生活在海拔 1 900 ~ 5 000 米的高原地区。它们主要分布在被称为“世界屋脊”的青藏高原上，也有一部分会在冬季离开青藏高原迁往南方的云贵高原越冬。总体来说，相比其他候鸟，黑颈鹤的迁徙和分布范围是比较小的。从地图上看，它们的繁殖地和越冬地北起新疆的阿尔金山脉并延伸到青海、甘肃交界的祁连山，南抵西藏的喜马拉雅山脉及云南横断山山区，西至青藏高原西端，东至云贵高原的乌蒙山区。因此，在我国的西藏、青海、四川、甘肃、新疆、云南、贵州等地的高原地区，都能见到黑颈鹤的身影。

四川若尔盖育雏的黑颈鹤

云南昭通的大山包被誉为“黑颈鹤之乡”，每年的10月到次年3月，数百只黑颈鹤在这里的高原湿地越冬。因此，每年冬季都有许多观鹤的游客慕名而来，一睹黑颈鹤的优雅身姿。每年的4月到9月是黑颈鹤的繁殖季，它们会分散在高原的湖泊湿地深处繁育下一代。位于四川西北部的若尔盖大草原，水体连片、水草丰茂、鱼翔浅底，这片沼泽在荒凉的高原上是弥足珍贵的。有了水草和水体的双重掩护，外加湿地里相对充足的食物保障，黑颈鹤就可以安心栖居其中，谈情说爱，生儿育女。

云南昭通大海子越冬的黑颈鹤

科学家怎样研究黑颈鹤的迁徙路线

目前，研究黑颈鹤和其他鸟类迁徙路线主要有两种技术手段，“环志”和“卫星追踪技术”。环志就是用环做标志，捕捉到野生鸟类后，给它们套上人工制作的标有唯一编码的标志物，再将其放归到野外。通过观察带有标志的鸟儿的活动，科学家们就可以了解鸟类迁徙的情况。此外，随着科技的进步，卫星定位技术逐渐被应用于鸟类迁徙的研究。科学家们将卫星发射器佩戴在鸟类身上，发射器会将鸟类的位置、飞行速度和高度通过卫星传送给科学家。结合这两种技术，经过多年的研究，科学家们终于发现，黑颈鹤的迁徙路线可以分为东、中、西三条。

黑颈鹤的迁徙路线是怎样的

东部迁徙路线：在四川西北部若尔盖、红原、阿坝及甘肃南部玛曲、碌曲等地的湖泊湿地繁殖的黑颈鹤，它们中的大多数沿着邛崃山脉、岷江流域南下，途经雅安、乐山、宜宾等地，迁徙到地处乌蒙山脉的贵州威宁草海，以及云南东北部的昭通市大山包、会泽县大桥、巧家县马树镇等地的湿地越冬。从若尔盖出发，飞往威宁草海和昭通大山包的迁徙直线距离约为 800 千米。

中部迁徙路线：在青海南部隆宝滩等地的高原湖泊、草原湿地繁殖的黑颈鹤，会沿着通天河、金沙江河谷和雀儿山脉、沙鲁里山，经过四川西北部的石渠、甘孜、理塘南下，迁徙到云南西北部的纳帕海、碧塔海等湖泊湿地越冬。中部种群的迁徙直线距离约为 800 千米。

西部迁徙路线：繁殖地位于新疆南部和青海西部的黑颈鹤，会途经唐古拉山与西藏北部和西北部的黑颈鹤汇合，随后由高海拔地区向南方或者东南方迁徙到较低海拔的雅鲁藏布江中游或支流的河谷湿地越冬，其余的少部分种群可能会飞跃喜马拉雅山脉迁徙到国外的不丹和越南北部等地越冬。在不丹越冬的黑颈鹤到它们的繁殖地我国西藏申扎，大约只需要飞行480千米，是三条迁徙路线中最短的一条。

黑颈鹤在迁徙中途会停下来休息吗

黑颈鹤的东部和中部迁徙路线的直线距离都约为800千米。如果我们以鹤类最低飞行速度40千米/时计算，中途不停歇，只需要飞行20小时，黑颈鹤就能从繁殖地飞抵越冬地。但现实中，黑颈鹤的迁徙并不是一蹴而就的。

首先，影响黑颈鹤迁徙的主要因素是天气。当冬季来临，要迁往越冬地时，如果天气冷得早，它们就会陆续提前搬家，而且迁徙的过程也会持续比较长的时间。当离开越冬地时，

迁徙

停歇

黑颈鹤似乎更为果断，而且迁徙过程也比较短，受天气影响也相对较小。科学家发现，黑颈鹤之所以如此重视气温，是因为它们要最大程度地节省体力。鸟类的迁徙有一个温度临界点，当温度达到临界点时，空气中会产生足够的上升气流，帮助黑颈鹤节省飞行所需要的体力。所以，黑颈鹤往往会选择一天中温度较高的时间开始迁徙。

其次，黑颈鹤往返于繁殖地和越冬地的时间也不能一概而论。通过卫星追踪技术，科学家发现，黑颈鹤从繁殖地若尔盖飞往越冬地威宁草海平均距离为903.6千米，历时约5.5天。从越冬地回迁繁殖地的距离较短，约为725.4千米，但历时也是约5.5天。此外，科学研究还显示，黑颈鹤在迁徙过程中会进行3～4次的中途停歇。停歇的时间差异较大，从几十分钟到几天，停歇地大多为人烟罕至、地势开阔的湿地附近。在越冬地迁往繁殖地的途中，不同的黑颈鹤个体在迁徙的耗时上也有较大的差异。准备繁育后代的黑颈鹤会早早地到达繁殖地，占据有利的筑巢地形，为后代构筑一个安全的家。但不参与繁殖的黑颈鹤，则会在途中停留更长的时间。

此外，科学家经过多年对在威宁草海越冬黑颈鹤的研究发现，黑颈鹤抵达和离开越冬地的时间也是精心选择的。它们会在起西北风的夜晚抵达草海，在刮着西南风的晴朗白天开启它们前往繁殖地的旅程。

黑颈鹤在越冬地和繁殖地哪里停留的时间更长

“来时不过九月九，去时不过三月三（农历）”，这是人们总结的黑颈鹤迁徙规律。作为候鸟的一种，迁徙是黑颈鹤一年中的头等大事。它们每年都往返于繁殖地和越冬地，气候和季节的变化影响着它们的迁徙活动。通常，它们会在3月下旬到4月上旬离开越冬地。在4月

越冬

育雏

下旬抵达繁殖地求偶、交配并养育下一代。9月底到10月初，它们会举家离开繁殖地，并于10月中下旬到11月初陆续抵达越冬地。科学家通过观察发现，黑颈鹤每年在繁殖地生活170天左右，在越冬地生活150天左右，每年2次迁徙大约需要40天。

黑颈鹤的家庭结构是怎样的

黑颈鹤或许是鸟类中最慈爱的父母。科学家采用GPS卫星追踪技术，结合三十多年的研究发现，没有一例黑颈鹤夫妇发生过“离婚”或者“分居”的现象。它们是“一夫一妻”制的，雌雄鸟一旦完成婚配，一般终身不变。同时，如果黑颈鹤夫妇养育的幼鸟还没有学会长途飞行，那么哪怕繁殖地水草枯萎、湖面结冰，黑颈鹤夫妇还是会耐心地等待幼鸟真正成熟的那一天，与自己的孩子一起飞往位于南方的越冬地。来年回到繁殖地后，年轻的小鹤无论是体型还是觅食技巧都接近成熟了，它们会依依不舍地离开父母，加入单身汉的群体，为未来建立自己的家庭做好准备。

黑颈鹤喜欢在什么地方筑巢

对于野生动物而言，有一个安乐窝是繁衍后代的重要保障，在黑颈鹤的世界里同样如此。一个理想的安乐窝首先要能够阻隔活跃在高原上的藏狐、野狗的入侵，所以必须有一道宽阔的“护城河”，周围还要有较高的水草，这样不但方便隐蔽，还可以就地取材修补鸟巢。此外，筑巢地不能离觅食地太远，因为幼鸟的食量惊人，需要父母轮流觅食才能满足它们与日俱增的胃口。

生育过的黑颈鹤夫妇更倾向于返回自己往年的筑巢地，这样做的好处在于，它们对周围的环境更加熟悉，而且还有现成的鸟巢可以使用；但对于第一次做父母的黑颈鹤来说，一切都得从零开始，这也使筑巢地的竞争日趋白热化。因为，在干燥寒冷的高原，安全、富足的地块原本就十分稀少，一贯温文尔雅的黑颈鹤甚至会因为争夺有利的繁殖地而大打出手，2～3个家庭的黑颈鹤会混战在一起，直到有一方胜出。为了保障自己孩子生存所需要的食物与空间，黑颈鹤夫妇会表现出强烈的领地意识，对同类的反应尤其激烈。黑颈鹤夫妇会定期一前一后，昂首阔步地巡视自己的领地。每当其他黑颈鹤靠近或从上空飞过时，黑颈鹤夫妇会同时仰起头发出高亢的鸣叫声，警告其他的黑颈鹤，打消它们对这片土地的企图。但是，生存资源是有限的，总会有一些黑颈鹤为了家庭的利益铤而走险，无视警告，试图分享这片领地里的食物。那么，冲突就难以避免了。领地的主人会用翅膀扑打，用又尖又长的喙啄击，直到把入侵者打得落荒而逃为止。当入侵者被驱逐以后，胜利的一方会面对面，彼此伸直了脖子，高歌一曲，宣誓对彼此的感情。

争夺领地

宣示领地

黑颈鹤如何保护卵

从黑颈鹤产卵到幼鸟孵出大约需要1个月时间，在这段时间里，黑颈鹤夫妇绝对算得上模范父母。每年的6月是若尔盖的雨季，高原地区由于温差很大，冰雹、雷暴是家常便饭。刚才还晴空万里，不消多久便乌云密布、电闪雷鸣、暴雨如注，有时还会夹杂着栗子大小的冰雹，劈头盖脸地砸向地面。但俯卧孵卵的黑颈鹤却纹丝不动，用自己的身体构筑起一道坚实的屏障，守护着卵的安全。而暴雨过后水位上涨，经常会危及湿地深处的鹤巢，黑颈鹤则会不断就地取材，修补并且

垫高鹤巢的底部，防止卵浸水。

然而，恶劣的气候并不是黑颈鹤繁殖期唯一的威胁。牧民的牲畜，活跃在草原上的狼、狗、狐都会对卵构成威胁。面对这类危险，孵卵的黑颈鹤会不紧不慢地离开鸟巢，迎着闯入者，一边行走，一边放低自己的一只翅膀，假装受伤的样子，借此迷惑闯入者，进而把闯入者引到远离鹤巢的地方，从而保护下一代的安全。但是，如果它们频繁地离巢会增加卵暴露在冷空气里的时间，这会导致孵化期延长甚至孵化失败。科学家研究发现，黑颈鹤孵化的成功率与当地的放牧干扰情况存在一定的关联。

 出壳后的幼鸟如何与父母建立亲子关系

这个问题涉及了一个动物行为学的重要发现——印痕行为。“印痕行为”这个词是由奥地利动物学家劳伦·伊斯里提出的，通常发生在鸟类生活中与它们的母亲耦联的那段时期。通

常情况下，小鸟孵化出来之后不久，它们会把自己第一眼看到的生物当作自己的父母，这也被称为“耦联关系”，一旦这种关系建立起来，就很难解除，而且会影响幼鸟学习生存技能的方式。

对于黑颈鹤这类早成鸟来说，印痕行为尤其显著。当幼鸟睁开眼睛的时候，它会认为它看到的第一个活动的物体就是它的母亲。本能会让幼鸟一直跟随那个动物或物体，并模仿学习它的行为，比如寻找食物或与自己的兄弟姐妹打招呼的方式。此外，由于幼鸟出壳后不久就可以离巢活动，而自然选择似乎就用这种方式，来确保幼小的雏鸟始终跟随着自己的亲鸟，不会离开太远而遭遇危险。

黑颈鹤喜欢吃什么食物

黑颈鹤生活在湿地环境中，它们的食物也主要来自湿地，比如水草的根、芽是它们的主食。当然，它们更喜欢吃鼠兔、昆虫、蛙、鱼等。在食物相对匮乏的越冬地，则主要吃当地的农作物，比如土豆、玉米、荞麦、燕麦、萝卜等。如果运气足够好，越冬期的黑颈鹤还能找到冬眠中的蛙类，这是冬季不可多得的大餐，往往会在鹤群里引起你争我夺的骚动。除此之外，为了保障黑颈鹤在寒冷的冬季能够获得足够的食物，保护区的工作人员还会定期投喂粮食，并为黑颈鹤专门预留了足够的田地，供它们采食。

黑颈鹤为什么喜欢“跳舞”

对于机警而且隐秘的黑颈鹤来说，跳舞时常会引起天敌的注意，而且会耗费不少体力，那么它们为什么还热衷于跳舞呢？事实上，与许多鹤类、甚至其他鸟类一样，黑颈鹤的舞蹈是它们除了鸣叫之外的另一种语言，它们通过这种肢体语言建立情感联系，主张、宣示领土，巩固长达数十年的配偶关系，甚至教育自己的孩子。

跳舞

人们采取了哪些措施保护黑颈鹤

黑颈鹤生活在环境严酷的高原，气候变化极大，冬天积雪多，食物匮乏，加上幼鹤成活率不高，因此，黑颈鹤种群数量原本就非常稀少。随着人类活动范围的扩大，黑颈鹤的生存环境越来越小。20 世纪 50 年代，印度、越南还有数百只黑颈鹤生活，但现在这些地区黑颈鹤都已绝迹。

黑颈鹤离不开湿地，保护黑颈鹤最重要的工作就是守护好它们赖以为生的湿地环境。1983 年，在印度召开的国际鹤类保护会议公布，全球只有 200 只黑颈鹤。20 年来由于保护工作加强和新越冬地及新越冬种群的发现，使黑颈鹤野生种群总数上升到 7 000 只左右。随着近年来保护力度的不断加大，黑颈鹤的数量正在逐年回升。目前中国以保护黑颈鹤为主的各级自然保护区共有 15 个，其中 3 个为国家级自然保护区。